生而自由系列

 BORN FREE®

U0010484

拯救大象

感動人心的真實故事

ElePhant RescUe

A True Story

路易莎·里曼（Louisa Leaman）◎作者

吳湘湄 ◎譯者

晨星出版

前言

嗨，大家好！

我猜當人們讀到生而自由（Born Free）這幾個字時，頭一個想到的就是「獅子」這個動物。而這麼想沒有錯；因為正是喬伊‧亞當森（Joy Adamson）的著作《獅子與我》（*Born Free*）裡  所描述的有關母獅愛爾莎（Elsa）的故事鼓勵了人們開始為獅子及牠們該如何生活思考。當然，不僅如此，還有牠們需要什麼才能過上一個圓滿且自然的生活。

過去多年來，**生而自由基金會**在非洲的援救中心一直都在

給那些因被囚禁而過著悲慘、違反自然生活的獅子提供一個重生的機會。但本書與獅子無關。**生而自由基金會**現在所救助的是各種不同種類的動物，而本書所描述的正是兩頭情況非常特殊的大象的故事。妮娜（Nina）是一頭非洲象，平綺（Pinkie）則住在斯里蘭卡（Sri Lanka）。牠們隸屬於不同的國家，但牠們所需要的援助卻是一樣的。大象是很有愛心、有家庭觀念且喜歡群居的動物。牠們會保護子女，也會哀悼死去的老象。事實上，牠們跟人類很像。而且，也跟人類一樣，當一頭小象失去母親時，牠便無法獨立存活，除非有人拯救牠、照顧牠。

讀者會發現，雖然妮娜和平綺的故事不一樣，但牠們卻有幾個共通點。第一，小象孤兒需要我們的協助，這一點兩隻小象都獲得了，而這要感謝**生而自由基金會**、坦尚尼亞（Tanzania）的湯尼‧費茲強（Tony Fitzjohn）以及給妮娜的康復提供支援和祝福的資助者馬丁‧克魯恩斯（Martin Clunes）。在遙遠的斯里蘭卡，平綺則由蘇哈達醫生（Dr Suhada）及「大象中途之家」的團隊在養育和照料。我們慷慨的資助者海倫‧華斯（Helen Worth）曾經替**生而自由基金會**造訪中途之家。對於能夠親手給小象平綺餵奶，她覺得非常振

奮和感動。

　　當看到野生動物能夠自由自在地生活時，我們全都覺得很欣慰，因爲那才是大自然的旨意。在這兩則故事裡，你們將看到，對妮娜和平綺而言，雖然方式不一樣，但回歸自然的計畫都同樣實現了。而我們對那些幫助牠們的人的理解和仁慈，將永遠心懷感激。

Virginia McKenna

演員兼**生而自由基金會**創辦人之受託人
維吉妮亞・麥肯納（Virginia McKenna）

世界各地的生而自由組織

動物福祉的捍衛

生而自由基金會揭發動物受苦的真相，全力解決動物受虐問題。

野生動物的救援

生而自由基金會創建並支援眾多野生動物救援中心。

加拿大

美國

英國

南美洲

動物保育

生而自由基金會矢志保育自然棲息地的野生動物。

社區教育

生而自由基金會與社區密切合作，在當地落實我們所奧援的專案計畫。

歐洲

中國

印度

越南

烏干達

喀麥隆

伊索比亞

肯亞

斯里蘭卡

剛果民主共和國

坦桑尼亞

印尼

尚比亞

南非

馬拉威

這是真實的故事：透過**生而自由基金會**及其他許多人的努力和照顧，兩頭住在不同國家的大象重新獲得自由。妮娜是一頭失怙的非洲象；牠在被囚禁二十七年後，重新被釋放回原野。平綺則是一頭曾受過重傷的亞

洲幼象，後來在小象孤兒院裡找到了自信心。

要將大象從一個地方轉移到另一個地方，是一項艱巨的挑戰。妮娜和平綺的故事充滿了危險、跌宕、悲劇和勝利──還有許多驚喜！

妮娜小檔案

- 生於坦尚尼亞的原野上
- 六個月大時成為孤兒
- 最喜歡的食物：香蕉和蛋糕
- 性格：非常溫和、友善，但面對新的體驗時會緊張
- BBC 拍攝她的故事後，成了電視明星

平綺 小檔案

- 生於斯里蘭卡的原野上

- 因為臉上有一條很長的粉紅色疤痕而取名平綺（Pinkie，意為「小粉紅」）

- 食物：從小工作人員就用漏斗給她灌食一種特殊配方的奶粉

- 最喜歡做的事：照顧象群裡其他的大象

- 性格：充滿自信、富有愛心

©iStock

知識 小檔案

每次看到我，
你就學會一樣新的
有關大象的知識

第 一 章
妮娜的故事

坦尚尼亞（Tanzania）

曝曬在烈陽下的坦尚尼亞草原的紅土地上，一對禿鷹在一頭幼象的上方盤旋。那頭小象已經在那一叢離一個水坑不遠的荊棘樹旁蜷縮了好幾個小時了。小象來自何處、為何獨自在水坑旁，沒有人知道。她還不到六個月大，應該跟母親在一起。通常只有成年的公象會獨自四處走動。母象則會與自己的孩子和長輩們群居在一起，形成一個關係緊密的家族，並且由一頭較年長且德高望重的母象做為

©shutterstock

　女家長來帶領牠們。而當幾個象家族聚集在一起時，牠們
所形成的團體其數量可能達到幾百頭。

　　這頭孤獨的幼象年紀太小了，不可能自己進食。能幫
助她尋找食物和汲水的長鼻子，才剛開始要發展出肌肉和
力量。她也可能遭受原野上各種危險的傷害，包括獵食者
如獅子和土狼等。

幼象靠著吸吮母親的奶水而活，直到牠們兩、三歲時。當一頭小象誕生時，全家族都會為此歡欣。牠們會一起愛護這頭小象，也都會負起保護其安全的部分責任。女家長（通常是最年長的母象）會給家族裡的其他成員傳授知識、幫助牠們尋找食物，並率領牠們到水坑去。

　　但是，對我們這個真實故事裡所描述的小象來說，她的家族不見了。我們不知道她的母親究竟遭遇了什麼事——也許被非法狩獵殺害大象，藉以奪取象牙的盜獵者所害；她當時獨自一個，很迷惑且渴望媽媽能用鼻子給她溫柔的撫觸。

　　由於象牙的價格不菲，即使奪取象牙的過程殘酷無比，非法的象牙買賣仍持續不輟。成千上萬頭的大象被殺

©shutterstock

　害，牠們象徵力量和華彩的長牙被殘暴地砍下來。大象的屍體被任意丟棄，鮮血染紅了非洲的土地；牠們的長牙則被偷運到世界各個遙遠的角落，去做成珠寶和裝飾品。

　　沒有了母親、家族，空中盤旋著兩隻禿鷹。太陽就要下山了，另一個黑暗、恐怖且可能致命的夜晚正等待著這頭小寶貝。

情況彷彿還不夠糟糕似的，這時，她聽到地上發出轟隆隆的聲音。她感到那股震動由腳板往上竄過大腿。她抬起頭、驚慌地搧動兩隻大耳朵。她看到兩輪炫目的燈光嵌在一個自己從未看過的、快速移動的物體上。

　　她等待著、緊盯著。

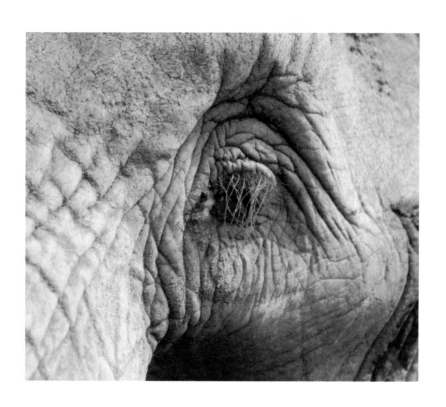

第二章
妮娜的故事

梅魯山（Mount Meru）

　　往她奔馳而來的「東西」是一輛路虎休旅車。一名男子從車上下來，走向那頭小象。感謝老天，那個人不是一個盜獵者。他的名字叫做班迪‧修溫德‧納基（Bandi Schwendt Nagy）；他是個喜歡野生動物的人。班迪在北坦尚尼亞經營著一座小型私人動物園，叫做「梅魯山野生動物殿堂」（Mount Meru Wildlife Sanctuary）。當他發現那頭小象獨自一個時，他知道她絕對無法存活下去。再

者，他覺得如果他的小動物園裡有這頭小象的話，一定會更增添趣味——坦尚尼亞可能還沒有其他被拘禁的大象。這頭幼象一定會成爲熱門話題。

　　他用他的休旅車將小象載了回去。

　　「梅魯山野生動物殿堂」位於梅魯山的山腳下，就在

阿魯沙城（Arusha）外，沿著烏沙河而建，離非洲海拔最高、最雄偉的吉力馬札羅山（Mount Kilimanjaro）不遠。該動物園招待的遊客都是想要探訪非洲野生動物，如鴕鳥、非洲大羚羊、斑馬、水牛，以及種類不勝枚舉的奇禽異獸。

班迪與他的團隊對那頭小象頗有愛心，將她照顧得無微不至。他們給她取名為「妮娜」。他們確保妮娜飲食無虞，並受到最好的保護。但不幸的是，那個動物園太小了，妮娜所住的圍欄也相當狹窄。而這讓妮娜過得並不快樂。

　　最重要的是，大象需要與其他的大象為伍。不要忘記，母象從不獨居。牠們終身都是在親戚朋友的圍繞之下生活。

大象是體型龐大的動物，牠們需要足夠的空間以供牠們走動和進食。牠們需要遼闊開放的空間，在其中四處漫步、找尋糧食。牠們一整天做的事情就是：進食、喝水、遊蕩、洗澡、用沙土擦身體、在泥中打滾、玩耍和休息等。

妮娜越長越龐大，她在梅魯山所居住的圍欄開始顯得很狹小。而就在這裡，在這樣的範圍裡，她度過了她接下來二十七年的歲月──在這一成不變侷促的空間裡，整整二十七年，獨自一個！

　　一天又一天，妮娜總是期待著那短暫的與人類的接觸：照顧她的人來餵她；遊客來欣賞她；或班迪順道來跟

大象是非常社交性的動物，總是群居。牠們喜歡同伴，並且一起旅行。牠們會用鼻子互相交纏以「擁抱」彼此，對朋友也有特別的寒暄儀式。

知識
小檔案

大象跟人類一樣，擁有多種情緒：愉悅、悲傷、憤怒等。牠們甚至會「哀悼」死去的摯愛的同伴。牠們會用長鼻子或腳掌溫柔地碰觸死去的大象的頭顱和長牙，來表達自己的哀思。

她打個招呼。妮娜的個性很溫和，從未有任何侵略性的行為。雖然她很孤單，但她很能接受那些圍繞在她身邊的人類。他們就是她所認識的一切。妮娜對大象的家族生活體驗很短暫；那時她可能會跟隨著母親、姨母、兄弟姊妹等，到距離最近的水坑去，在一群鷺鷥或河馬好奇的注視下洗澡、飲水和玩耍。但在動物園裡，她看到的只有人類、牆壁、水泥和一綑綑的乾草。

班迪終於意識到，妮娜很寂寞而且很沮喪。他注意到妮娜開始會不斷地擺動頭部，而那可不是大象的典型動作。這個擺動頭部的動作是她企圖要刺激自己、要尋找些能夠填滿她所在的空間的什麼東西；若在原野裡，她就會做各種有趣的活動，比如尋找糧食、挖掘水源、從樹幹上將美味多汁的樹皮剝下來、與家族裡或整個團體裡的其他大象交際等。

　　許多大象在被拘禁時，便會開始做出重複性的動作。牠們會不斷地踱步、搖晃或擺頭晃腦。有人說，牠們甚至會發瘋。

　　最後，班迪開始思索。為了改善妮娜的生活品質，他唯一能夠做的恐怕就是給她一個重返原野的機會。然而，二十七年的拘禁是很漫長的一段時間。生活方式的驟然改變，對妮娜來說或許不可行。但是，當班迪凝視著妮娜長著漂亮長睫毛的悲傷的眼睛時，他覺得他至少應該給她一個機會。

第三章
妮娜的故事

生而自由基金會前來援助

一九九七年時，班迪聯絡了當時管理**生而自由基金會**的威爾·崔佛斯（Will Travers），希望他的基金會能夠幫這個忙。他問威爾，**生而自由基金會**是否可以給妮娜提供一個適當的新家，讓她可以加入其他大象並享有一個自然的生活。

生而自由基金會是英國最重要的野生動物慈善團體；他們對這個挑戰感到很振奮，但又有諸多顧慮。

首先，他們必須召集一個適當的團隊。要釋放一頭大象，尤其是一頭被拘禁很多年的大象，是一項艱難的任務。如果他們想要任務成功，那麼他們就需要找到一些擁有適當專業知識的人士。

眾人決定，妮娜的安全是整個計畫進行時的首要考量。**生而自由基金會**聯絡了一位辛巴威籍的大象轉移專家克雷姆·寇特齊（Clem Coetzee），而他立即同意飛到坦尚尼亞來監督整個轉移計劃。除了克雷姆外，還有許多專業人士也參與了此項援助任務，包括獸醫、野生動物專

大象雖然看起來很健壯，但牠們卻有非常脆弱的地方。對大象而言，長時間的躺臥是很危險的事，因為其中一個肺部的重量可能會壓碎另外一個，而導致呼吸困難、造成窒息和死亡。

家、公園管理員，以及政府官員等。**生而自由基金會**也爲了所需之花費的募款、各種許可證明和文書的申請等，日夜奔走。

接下來，他們要做的便是找一輛合適的交通工具。很幸運，**生而自由基金會**獲得了肯亞野生動物局（Kenya Wildlife Service）的贊助，借到了一輛特製的大象轉移用

卡車。那卡車有個名字，叫做「漢尼拔」——那輛車正好是基金會幾年前捐給肯亞的。「漢尼拔」是專門改造過的卡車，擁有巨大的車輪、強而有力的引擎；它不但有能夠載運大象的特製木箱，也足以乘載一頭成年大象的重量。

接下來，當然，他們必須找一個安全的地方，讓妮娜能夠過一個自由野放的生活。威爾聯絡了自己的一個好朋友湯尼·費茲強。湯尼是一位野生動物專家；他是坦尚尼

亞喬治安德森野生動物保護基金會的現場主管。多年來，湯尼一直是著名的自然環境保護者喬治‧安德森（George Adamson）的得力助手。喬治和他的妻子喬伊曾經成功地將母獅子愛爾莎釋放回原野。威爾問湯尼，他是否能夠在他所居住的偏遠又遼闊的姆科馬齊國家公園（Mkomazi National Reserve）給妮娜提供一個未來的家。那裡距班迪的動物園大約有兩百五十公里。

感謝老天，湯尼同意了。

很多年前，湯尼獲得坦尚尼亞政府的允許，在面積有兩千平方公里的姆科馬齊國家保護區建立了一座營區。他

在紅色的泥土上舖設了道路，也在茂密的荊棘叢中闢出了一條飛機起降的跑道。由於姆科馬齊是很乾燥的地方，他還得爲動物和人們確保充裕的水源。因此，他雇用並訓練了一支由當地人所組成的管理團隊。

　　雖然湯尼已經有一座犀牛庇護所以及一個照顧瀕危非洲野犬的中心，但他卻從未保育過大象，對大象這種動物的瞭解也很少。他們首先要做的就是給妮娜打造出一處特別的暫居之地，讓她能慢慢熟悉自己的新環境。那個暫居之地將會是妮娜在完全被釋放回原野前，學習並適應新生活的地方。

在籌備的過程中，威爾、克雷姆和湯尼一直為一個問題所困擾：在長達二十七年的拘禁後，妮娜能夠應付「梅魯山野生動物殿堂」外的生活嗎？她會懂得如何尋找食物和水源嗎？當地的大象會接受她嗎？還有，那遼闊的空間到底是會讓她覺得驚奇或是嚇壞了她呢？

在成為孤兒、被班迪收留前，妮娜與她的族群一起生活的時間很短暫。我們很難知道她對那段生活究竟還記得多少，或她是否仍然擁有自由野生的大象本能。

有一句著名的諺語：大象永遠不會忘記。的確，大象擁有驚人的記憶力。大象的記憶力其實是牠們很重要的生存工具。例如，在乾季時，女族長便需率領其家族尋水，有時走上幾十哩路到她記得的很多年前曾去過的水坑。她良好的記憶力能夠幫助自己的家族增加生存的機會。

妮娜的旅程如此不可思議，因此，**生而自由基金會**和英國BBC電視台達成協議，要將妮娜釋放的整個過程拍攝成紀錄片，並在該電視台的《天生狂野》（*Born To Be Wild*）節目裡播出。當然，有機會將妮娜的故事告訴世人是一件很棒的事，但那也的確造成了一些始未料及的複雜和混亂。除了妮娜這頭大象外，威爾他們現在還得跟一大群電視台的工作人員以及道具、攝像機等裝備合作。然而，威爾和**生而自由基金會**的團隊有一個直覺：一切辛苦都將值得。他們很確定，讓成千上百萬的人一起來分享妮娜偉大的冒險之旅，包含其中的跌宕起伏等，一定會感動

全球的人心、並讓人們重新思索：像大象這樣的野生動物，是否應該一輩子被關在動物園和馬戲團裡。

《天生狂野》的節目主持人是著名的英國演員馬丁・克魯恩斯。馬丁喜歡大象，他很高興可以參與這個節目的製作。當整個團隊陸續抵達梅魯山後，馬丁幾乎把所有的時間都花在妮娜和班迪的身上。他想要瞭解妮娜，希望妮

娜會信任他。馬丁靠一串香蕉接近了妮娜；而他也立即被妮娜迷住了。

　　一股焦躁的興奮在空中微微引爆。妮娜的大日子——接下來眾多日子的第一天，馬上就要到來了。

　　同時，妮娜從她的柵欄往外觀察著眾人的忙碌。或許她對身旁正在發生的事情也感到疑惑。當然，她喜歡那些額外的注意、「點心」、和新朋友馬丁的陪伴。但看著柵欄外的空地，她不知道大家究竟在忙些什麼，也不知道那等待她的是怎樣的冒險之旅。

第 四 章
妮娜的故事

前往姆科馬齊（Mkomazi）

　　終於，那個大日子到來了。當生而自由基金會的團隊進來時，妮娜安靜地站在自己的圍欄內。他們對妮娜進行了最後幾項健康檢查，以確保她適合旅行。班迪告訴團隊說，妮娜有多喜歡人家用低沉柔和的聲音跟她說話、她多喜歡將鼻子往前伸展……噢，還有，她有多喜歡吃蛋糕！

　　班迪跟大家解釋說，他如何常常從廚房給妮娜偷偷地帶來她愛吃的東西、而妮娜又是如何用她的長鼻子從他的

大象的主要食物包括樹葉、青草、樹枝
和樹皮。牠們需要大量的食物以維持龐大的
身體之所需：一天多達一百六十九公斤！
那重量約等於兩個高壯的男人、或七個
八歲孩童的重量。大象花在找食物的
時間每天長達十六個小時。

手上將那些美味的食物掃進自己的嘴裡。只是有一個問
題：對大象來說，蛋糕可不是理想的點心，尤其是對一頭
即將返回自然的大象！

　　不幸的是，妮娜對蛋糕的喜愛和運動空間（或運動理
由）的缺乏，使得她如今體重過重。這個問題可望在她返
回原野、開始進食野生大象的食物後，獲得改善。在場所

有的人都希望能夠鼓勵妮娜，讓她自己開心地走進要搬運她的木箱子裡。

同時，電視台的拍攝人員謹慎地架起他們的設備；他們小心翼翼地，深怕太多的噪音或動作會造成妮娜的不安。班迪站在妮娜身邊，輕輕拍著她、撫摸她的鼻子以安她的心。

「漢尼拔」將巨大的裝運木箱移到適當的位置，讓木箱的門正對著妮娜圍欄的入口。照顧妮娜的工人，也就是妮娜最熟悉的人，試著要誘哄她走進木箱。他們溫柔地喚著妮娜的名字，輕輕地想將她往前推。妮娜卻動也不動。她對眾人的動作

一點都不感興趣。他們用香蕉引誘她，但她只是往後退。

最後，班迪想出了一個主意。他跑到廚房，然後帶回來一整個冰涼美味的蛋糕。他扳下一小塊，把它放在手上伸出去。妮娜瞥了蛋糕一眼，瞪視著木箱，然後垂下眼睛，看向別處。

「來，好女孩，妮娜，我的寶貝。」班迪溫柔地鼓勵妮娜。

班迪在木箱的下面晃著手上那誘人的蛋糕。

如果有什麼東西可以引誘妮娜，不用說，那一定是她最愛的點心。整個團隊，包括威爾、湯尼、馬丁和電視台的工作人員，全都屏息等待，默默祈禱妮娜會往前邁步。但妮娜就是一步也不動。

克雷姆想出了一個計畫。他曾研發出一個方法，能夠給大象剛好劑量的麻醉藥，既可以鎮定安撫一頭大象，但又不會讓她沉

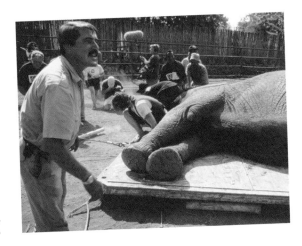

睡。團隊的成員都暗自希望著，他們不需要用到大量的麻醉劑。

克雷姆準備了麻醉針。妮娜昏睡的時間不需太久，只要足以讓團隊的成員們將她滾上木箱的滑動地板並把她拖進木箱裡就好了。當木箱門一關上，他們會立刻讓妮娜甦醒過來。

克雷姆一邊輕柔地跟妮娜說話，一邊靠近她，然後給她注射麻醉劑。整個團隊焦灼地看著妮娜，等著藥效發作。那幾秒鐘感覺很長。克雷姆說，最長可能得等八分鐘……然後，妮娜往前顛仆了一下，晃了晃、摔倒在地上。接下來的問題就是：他們得在不傷害妮娜分毫的情況下，迅速搬動她。

眾人用堅固的粗繩將妮娜捆起來，粗繩使得她肌肉鼓脹、肌腱緊繃，然後工作人員將她拖到滑動木板上，再拖進木箱裡。

妮娜靜靜沉睡著，因此不知道自己發生了什麼事。工作人員必須確定她的姿勢恰當，並且不會壓到自己的鼻子，否則她可能會窒息而死。馬丁負責照顧妮娜的長鼻

大象是陸地上體積
最龐大的哺乳動物。非洲
象身長可達七點五公尺，身
高達四公尺，重達六噸——約
等於五輛中型汽車、或
八十個成年人的重量。

子，以防她被扭到。威爾和湯尼也必須確保每一位工作人員都安全無虞，因為要移動這麼龐大的動物，需要動用的人力相當多。

當他們將妮娜安全地拖進木箱後，便立即將繩索解開。他們趁著妮娜尚在昏迷中，給她做了詳細的健檢，並在打麻醉劑時留下的針孔上塗抹抗生素以防發炎。然後，他們給妮娜施打麻醉解除劑，將她喚醒。木箱的門早已關妥。妮娜眼睛眨了一下，兩耳微微搧動後，醒了過來。

第二天早晨，「漢尼拔」及整個護送團隊踏上了前往姆科馬齊的十小時路程。旅途中克雷姆給予妮娜足夠的停車休息時間，以確保她的身體狀況良好且有喝足夠的水。當車隊開上那條通往主營區的鐵鏽色泥土路時，幸福的妮娜並不知道她正在進入未來新家的領域——數千公頃長滿樹檬的乾草原，遠處群山圍繞，籠罩在藍色的薄霧中。

卡車停在湯尼特別為妮娜所建的圍欄入口處。他們把木箱小心地搬下來，讓木箱的門正對著圍欄入口。妮娜第一次看到了梅魯山以外的世界。攝影人員、當地顯貴、馬丁、湯尼、威爾和班迪等，所有的人都爬在圍欄上，希望

能目睹那特殊的一刻。

　　不用說，在長途跋涉的艱辛後，妮娜覺得有一點畏怯。她似乎不願意離開木箱裡的安全感、不想踏入自己的新世界。大家耐心地等著。但是他們也知道，「漢尼拔」及肯亞野生動物局的專家們必須緊急返回奈洛比（Nairobi），而那是一個二十小時的行程。最後，威爾

握著妮娜的尾巴，非常溫柔地鼓勵她走出木箱。妮娜緩緩交錯著腳步移到木箱的中間，伸出自己的長鼻子；她碰到了馬丁伸過來的手並在上面發現了一串好吃的香蕉。顯然妮娜的情況良好。

接下來幾天，妮娜在圍欄裡四處探險。那圍欄是特別為她打造的，裡面有許多深具巧思、模仿姆科馬齊周圍自

然環境的設計：有很多的巨岩和木頭供妮娜摩擦她的背、有砍下來的樹枝讓她可以剝皮來吃、還有供應充足的飲用水。在坦尚尼亞的這個地區，正中午的陽光非常酷熱，因此中午時分妮娜就得在湯尼特別為她建造的棚架下乘涼。她也開始會把水甩到自己的背上。

當天氣很熱時，大象會用牠們的長鼻子吸水，然後再把水噴出來淋在自己的身上。牠們有時也會把沙塵或泥土撒在自己的身上，以防皮膚曬傷和蚊蟲叮咬。牠們還會用耳朵來控制自己的體溫。大象的耳朵佈滿微血管，因此在天氣炎熱時搧動耳朵，便能增加空氣從皮膚表面吹過的量，如此血液得以降溫，而牠們也就會覺得比較舒適。

第五章
妮娜的故事

回歸原野

妮娜在圍欄裡待了幾天後,湯尼‧費茲強覺得她相當鎮靜且安頓得很好,似乎可以被釋放到園區裡的其他領域了。那是大家期待已久的一刻。電視台的工作人員聚集起來,擺好了錄影機。圍觀的人群都往後退。

圍欄的大門打開來,發出嘎吱嘎吱的響聲。道路已清理好。一望無際的樹叢在招手。但妮娜沒有動作。

當大象被重新安置時,牠們通常會被遷移到擁有大量

自然食物和飲水的偏遠地區。在肯亞，一隻大象或有時是整個家族經常被遷移，尤其是牠們與當地居民發生衝突時。但有一點很重要：被重新安置的大象必須喜歡牠們的新環境，否則，牠們可能會千里迢迢地跋涉回到自己原來的地方。

攝影人員嘆息著，坐回椅子上。若不是今天，可能是明天吧，他們想。圍欄的大門仍然開著，妮娜在圍欄裡靜靜地四處走動，照常進食、咬樹皮、把水灑到身上。她熱切地找尋自己最愛吃的香蕉，每天一大串一大串地吃著，由湯尼親手餵她——當然，她的菜單再也不能有蛋糕了！

妮娜偶爾會瞥一眼圍欄的大門，但她一步都不曾靠近它，而這讓大家覺得很挫折。或許她已經習慣梅魯山那個狹小的圍欄：牆壁和柵欄讓她感到安心。在眾人費了那麼多力氣、花了那麼多錢後，難道這頭可愛又固執的大象寧可選擇禁錮的生活、而非自由？

攝影團隊離開了；他們很失望未能目睹原先預期的奇妙時刻。湯尼‧費茲強最後決定，唯一能誘使妮娜走出圍欄的辦法，就是讓外面的世界顯得更具吸引力。而執行此

辦法的最佳手段就是對妮娜減少香蕉的供應。如果妮娜最愛的點心不再像以前那樣源源不絕了，那麼也許她會走出圍欄外去尋找。

接下來幾天，湯尼減少了餵給妮娜的香蕉數量。但妮娜沒把那手段看在眼裡。有一天，她直接把湯尼推到牆邊、瞪著他的眼睛，直到湯尼再餵給她另一串香蕉。妮娜

既聰明又大膽；她知道威脅著要把湯尼壓扁在牆上，她就能得逞、獲得自己想要的香蕉。當然，湯尼知道妮娜是絕對不會眞的傷害他的。

接下來的六個星期，妮娜仍然待在圍欄裡不走，這讓大家覺得很驚奇。她跟往常一樣進食、喝水、休息、在泥裡打滾、把自己裹滿泥沙、靠在巨石上搓背等。湯尼幾乎已經放棄了見證她大步走向自由的那個期望。

然後，有一天早晨，妮娜既不囉嗦、也沒大聲嚷嚷地就那麼踱出了大門。她伸出她的長鼻子，輕輕推了推湯尼和照顧自己的那些人，算是道別，然後不顧他們的驚詫，就那麼走了。

妮娜往六哩外的一座山巒前進；她在那裡待了兩個月的時間，欣賞四周的風景。湯尼將那座山命名爲「麗娜‧妮娜」以紀念這頭大象。那座山是該區域裡海拔最高的山，往下俯視紅色的平原時，景觀美妙，往西北方向則可看見吉力馬札羅山白雪皚皚的山頭。

幾個月後，妮娜繼續移動。園區的管理員們開始會在姆科馬齊附近不同的區域裡看見她。姆科馬齊的面積很

大，有許多不同的地勢，從崎嶇的山巒和群集的荊棘叢，到一望無際、長滿猴麵包樹的鐵鏽色大地。

　　對妮娜而言最棒的是，她會有其他的大象為伴。牠們或許還會教導妮娜認識保護區裡的其他居民：水牛、獅子、花豹、大羚羊、瞪羚、土狼等，以及數以千種妮娜現下的生命裡必須共處的其他動物。

大象的鼻子基本上是用來準備食物和汲水。牠可以感應一件物體的大小、形狀、和溫度，甚至可觸及在七公尺高的東西。大象的鼻子可以長到兩公尺長、一百四十公斤重。牠是由十五萬個肌肉群所組成，但無骨頭組織。當大象想要游泳時（有些大象會），牠的長鼻子還可伸出水面當作呼吸管用。

知識
小檔案

　　姆科馬齊還有充分的食用植物。湯尼和**生而自由基金
會**的團隊一直擔心，妮娜在被餵食並圈禁那麼久後，可能
無法自行尋找食物。但他們根本不用擔心。妮娜很快就學
會了謀生技巧，例如用長鼻子摘取果實，或把樹葉從樹枝
上剝下來等。

　　幾年過去了，妮娜曾被看到和幾個不同的大象族群一
起生活。雖然獨居了那麼多年，她仍然被自己的同類所接
受。她被圈禁時的寂寞、她對同伴的渴望，現在都成了往
事了。

　　即便如此，每隔幾個月，妮娜仍會走回湯尼的營區去探視自己的人類朋友。湯尼及其團隊成員都非常高興能夠看到妮娜，並且總要在她造訪時，確定手上有一些香蕉可以招待她。他們也很高興看到妮娜的長牙已經長得又巨大、又堅固了。妮娜終於茁壯成她原本就要長成的那種威嚴、強壯的大象了。

大象的長牙就是牠的門齒。長牙的用途在於
抵禦敵人、挖掘水源和樹根、以及將樹皮從樹幹
上剝下來。大象的長牙幾乎終其一生都在成長；牠
也是大象的年紀指標。大象會習慣使
用自己的某根長牙，就好像人類不
是慣用右手、就是慣用左手那般。

　　二○○三年，十一月時，一件神奇的事情發生了。某
天早晨，妮娜在多年後再度踏入了湯尼的營區。當時湯尼
和孩子們正在替野狗庇護所修理圍欄。妮娜走到湯尼的工
作室前，發出了一聲象吼。他們趕忙跑出去歡迎她，並且
立刻注意到她看起來比前幾年胖了許多。

　　然後，第二天清晨時，妮娜讓大家明白了她發胖的原

因。她把自己的長鼻子從窗戶伸進其中一名管理員的臥室裡，以引起他的注意。那名管理員走出來，看到妮娜的大腿間站著一隻剛誕生的小象。神奇的妮娜剛剛生下了一個兒子！

湯尼及其工作人員都樂壞了，而且覺得很震撼——他們的陪伴竟然讓妮娜覺得那麼安全，以致於她想要在離他們不遠處分娩。湯尼聯絡了威爾和**生而自由基金會**的團隊；他們決定要給那頭小象取名叫做強尼・威爾金森，因為那個下午橄欖球健將強尼・威爾金森（Jonny Wilkinson）才剛幫英國奪下了世界盃的冠軍。

　　妮娜和強尼並沒有在營區裡待很久；牠們一起走進了樹叢裡。接下來幾年母子倆注定都會在一起，漫步、進食、玩耍。妮娜會教導她的孩子應該知道的一切：大象的習慣和生存技能等。雖然妮娜的起步有點晚，但大家對她一定會漂亮地完成身為母親的工作，都深具信心。

第六章
妮娜的故事

悲傷的結局和快樂的結局

　　果然，強尼・威爾金森順利成長茁壯。他長得既健康又結實，在接下來的幾年裡，人們經常在姆科馬齊附近看到牠們母子倆。有時只是牠們兩個，有時則有另外五頭公象做伴。當妮娜剛抵達姆科馬齊時，有幾位大象專家曾說，妮娜恐怕不會交配、生產，因為她遠離其他大象的時間太久了。但妮娜再度向大家證明，他們都錯了。

多數母象在十三歲時就開始
能夠孕育下一代。大象是所有哺乳
動物中孕期最長的動物：從受孕到分娩
需要二十二個月的時間。母象是非常
照顧孩子的母親，且大象的大部分行為
都需由學習而來，因此母象會將孩子
帶在身邊很多年，以便教導牠。

　　四年後，妮娜和強尼‧威爾金森再度造訪湯尼的營區。跟之前一樣，陪著牠們一道前來的還有幾頭巨大的公象。一開始，湯尼很高興看到牠們母子仍在一起，但他很快就觀察到，妮娜似乎很迫切地想要將強尼‧威爾金森交給其中一頭公象來照顧。當妮娜走向湯尼時，湯尼覺得有些不對勁。妮娜看起來又發胖了，但走路有點瘸，且神態

與從前不大一樣。湯尼擁抱她、拍拍她，甚至拿起香蕉要招待她，但妮娜拒絕了。相反的，她伸長了鼻子，很疲倦地眨了一下眼睛。

妮娜是湯尼最喜歡的大象；他替她感到擔憂，決定要特別留意她的狀況。當妮娜選擇在營區附近停留時，湯尼鬆了一口氣。但同時，湯尼也觀察到那幾頭公象對妮娜似乎也特別地關心照顧。只要妮娜發出求助，牠們就會馬上過來。湯尼不想擾亂牠們之間自然的連結。

第二天，一件可怕的事情發生了。湯尼注意到空氣中有一股酸味。他循著味道找到了離妮娜當年被釋放前所住

大象會發出低頻率的呼叫聲，其中有許多雖然非常的大聲，但因為頻率太低，人類聽不見。這些聲音讓大象之間即便相距達二點五公里之遙也能彼此溝通。大象也能用牠們的腳傾聽；牠們可以藉由其他大象在地上震動出的亞音速的隆隆聲聽取訊息。透過這個方式，牠們能「聽到」十公里外其他大象所發出的聲音。

的圍欄約一公里遠的一片灌木叢；然後，他看到了妮娜。她側躺著，身上飛舞著嗡嗡作響的蒼蠅。湯尼馬上看出來，妮娜已經死亡了。

　　湯尼非常悲痛。他迅速召集了手下的管理員，一起給妮娜做解剖。他們要找出妮娜死亡的原因；這很重要，因為如此他們才能幫助以後的大象。他們很快就發現，原來妮娜再度懷孕了，但她肚子裡的小象胎位不對，於分娩時

卡住了。這對妮娜的身體造成巨大壓力，進而導致了她的死亡。

湯尼也知道他們並不能為妮娜或她的胎兒做些什麼。每一年，都有健康的野生大象死於這樣的狀況。這實在是很令人悲痛的事情，但至少是一種自然死亡。即便如此，對湯尼、威爾、馬丁和班迪而言，妮娜對他們的意義畢竟遠勝於其他大象——她是一位朋友，而且他們曾經一起經歷過一段不尋常的旅程。

湯尼很難過，沒能在妮娜臨終的最後幾個小時陪伴著她，但他也很感激妮娜的大象朋友們將她帶回他的身邊，彷彿知道那就是妮娜所想要似的。

那天傍晚，湯尼走到附近的一條飛機跑道上去欣賞夕陽。忽然間，一群約莫三十頭左右的大象從樹叢裡冒了出來，在他眼前安靜地涉過塔納河（Tana River）。湯尼不知道那些雄偉的大象要前往何處、去做什麼，但在那一刻，他知道他與班迪、威爾、馬丁、克雷姆，以及**生而自由基金會**的團隊們曾一起為妮娜做了一件對的事情。雖然妮娜年紀尚輕便死了，但由於他們的努力，她擁有了許多

年自由的日子。他們克服一切困難，讓妮娜有機會成為一頭原野上的大象。

妮娜的故事雖然結局悲傷，但不能否定其所帶來的正面意義。她向世人證明：即使在被圈禁二十七年後，大象仍能成功地回歸原野；牠們不僅能夠生存，還能繼續茁壯、與野生大象交朋友、並且重新加入了大象的團體。

妮娜能受孕、分娩、撫育一頭健康的小象，也是一項很了不起的成就。強尼‧威爾金森成長得非常好。自從妮娜死後，他經常被看到和一群年輕的公象在一起。等他成年、變成一頭健壯的大象時，他就會交配並誕下自己的幼象。如果瀕臨滅絕的大象數目要增加的話，交配是極其重要的，尤其是在象牙盜獵者越來越猖獗的情況下。

大象沒有天敵，雖然幼象或病弱的老象偶爾也會在原野上遭到獅子的獵食。威脅大象生存的主要還是

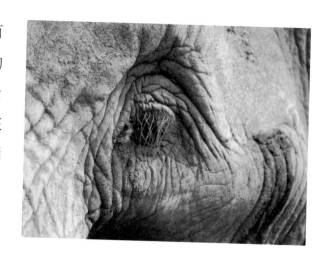

人類，通常是因爲象牙盜獵者的捕殺，或是野生棲息地被開墾成了農地。每一年，成千上百頭的大象因爲象牙買賣而遭到殺害。

由於妮娜在BBC電視台**生而自由基金會**紀錄片裡的演出，人們對非洲野生動物的困境有了更多的認知。該節目在一九九八年的新年播出，收視的觀眾多達一千三百萬人。妮娜的故事造成了**轟動，生而自由基金會**的生命拯救工作因此獲得了極大的迴響。也由於紀錄片受到民眾的歡迎，基金會從而獲得了更多的支持、募得了更多的款項，並最終，幫助了更多的動物。

雖然在拯救妮娜的過程中，**生而自由基金會**以及由許多熱心人士所組成的整個團隊面臨了許多挑戰，但他們卻向大眾證明這樣的工作值得進行。而且，最重要的是，他們的確為妮娜的生活品質做了極大的改善。妮娜也許只是一頭大象，但**生而自由基金會**的團隊深信，只要願意，個人也能為這個世界帶來不同。

　　毋庸置疑，這個說法妮娜自己也會同意。

第七章
平綺的故事

　　在遠離非洲乾燥的大草原、斯里蘭卡乾燥的低地區深處，另外一頭小象陷入了絕境。

　　本故事裡的小象，在她跌入一個廢棄的礦坑時，只有三個月大。那個礦坑當時積滿了水，而那頭小象試圖在坑邊飲水時，不小心滑跤、跌了進去。

　　小象掙扎著要爬出水坑無果，開始害怕的哭叫。象媽媽站在水坑邊緣，往下伸長了鼻子，也對著自己的寶貝發出叫聲，但卻什麼也無法做。那個坑太深了。

　　小象因為掙扎而傷痕累累，身上佈滿挫傷和瘀青。她

我們在非洲和亞洲都能看到大象。
非洲象有兩種，而亞洲象只有一種。大象是適應
力很強的生物。牠們能面對多種不同的環境：從亞洲
的森林和平原，到非洲的草原和熱帶叢林；只要有足夠
的空間、食物、和水，牠們就能生存。非洲的公象和母象
（耳朵的形狀像非洲地圖）都有長牙。亞洲象的耳朵形狀
像印度地圖，而且只有公象會長出長牙。

每次往上爬了一點，就立刻又滑了下去。她越是努力，便越覺得絕望——她的媽媽也是。孩子掉進水坑、又無法救她，象媽媽的心裡一定很悲傷。

幾天過去了，小象的腳趾甲因為不斷地在粗礪的牆上爬滑而磨掉了。她的臉頰、就在右眼下方，也劃出了一道又深又長的傷口，導致她嚴重失血。更糟糕的是，她喝不到母親的奶水，開始瘦弱下去。

那情形看起來毫無希望了。但就在這時候，從那茂密的雨林灌木裡走出了一個人來，一個住在附近村落的本地人，他的名字叫做威拉辛赫（Weerasinghe）。威拉辛赫正在遛狗，無意間闖入了那令人不忍的一幕。

遇到危險或緊急狀況時，大象有時會發出
震耳欲聾的吼聲，以招喚其他大象過來團團圍住
家族裡的年輕成員、對牠們形成一個保護圈。
牠們也會運用耳朵──完全張開來
往前撟──來給予其他大象訊號
或警示，以表達自己的憤怒。

一開始，威拉辛赫很緊張。人類和野生大象通常不會
處在一起。他想起在村裡聽來的許多故事：憤怒的大象踐
踏人類家園、吃掉作物。他看到小象的媽媽就在旁邊的樹
林裡走來走去。象媽媽很龐大，跟他看過的所有大象一
樣。如果象媽媽攻擊他，一定會要他的命。想到這裡，他
看到象媽媽張開大耳朵、發出了一聲響亮的象吼。

威拉辛赫想要逃跑，但當他往下看著坑裡的小象時，她可憐兮兮的小臉讓他心都碎了。那小東西看起來是那麼的害怕和無助。

　　在那一瞬間，他決定盡自己的能力來幫助小象。他跳進坑裡，開始把她往上推。雖然那頭小象比起成年大象來，身型小多了，但是她站著時已經有一公尺高，體重已大約有九十公斤重——那是人類寶寶平均體重身型的二十五倍！

　　威拉辛赫是個瘦削的男子，但他徒手拚命地想要拯救那頭小象。他使盡所有力氣，終於把她往上推出了水坑。威拉辛赫自己爬出水坑時，幾乎虛脫了。他往後退了一步，想喘口氣。小象呆呆地瞪著自己的救命恩人，然後看著他的狗。她可能從沒看過狗，更別說人類了。

　　但威拉辛赫沒時間交朋友或為自己感到慶幸。他發現小象的媽媽正看著他。他不知道象媽媽接下來會怎麼對付他，緊張之下，連忙逃之夭夭了。

　　直到回到村裡、鑽進自己熟悉的小木屋、看到跑來跑去的小雞、聞到柴火的煙味時，威拉辛赫才放下心來。但

是忽然間，他發現他的狗竟然沒跟著回來。不用擔心，他安慰自己。那隻狗很聰明，自己會找路回家。威拉辛赫開始在院子裡做起家務。他跟某個經過的鄰居揮手招呼，然後餵他的寶貝豬，完全忘記了自己拯救過的小象。

大約一個小時後，他的狗回來了。威拉辛赫很高興——接著很震驚：他的狗不是自己一個回來的；後面竟然跟著那頭小象！威拉辛赫眨著眼，倒抽一口氣。那怎麼行！村裡住著一頭象——即使只是一頭小象，也可能帶來大麻煩。

那小象發出一聲細細的充滿希望的叫聲。她為什麼跟著那隻狗而不是自己的媽媽呢？難道剛剛的折磨把她給弄糊塗了？威拉辛赫撓著自己的頭。他發出噓噓的聲音，想把那頭小象趕走，但又一次，他忍不住對那小東西生出惻隱之心。

沒多久，全村的人都知道了。那頭小象很快就吸引了大批觀眾。孩子們覺得那頭小象很棒，但大人們卻憂心忡忡。他們擔心小象的媽媽會回來找她，會踐踏他們的村落，甚至更可怕的，會傷害村人。

威拉辛赫決定請教當地廟宇的住持，聽聽他的建言。那位住持既仁慈又有智慧；他向村民們保證，他們不用害怕那頭小象會帶來災害。他知道要讓小象跟她的媽媽團聚已經太晚了。這麼多

天無法哺乳自己的孩子，象媽媽的奶水一定會乾掉，但不喝奶水的話，小象便無法存活。因此，他們得採取行動，並且要快。

住持遞給威拉辛赫一支電話，叫他打給「大象中途之家」（Elephant Transit Home，簡稱ETH）──那是由斯里蘭卡的野生動物保護局所經營、由**生而自由基金會**所贊

助的一個專門醫治及釋放大象的機構。「大象中途之家」的工作人員沒有耽擱。第二天，一位名叫蘇哈達・杰瓦丁（Suhada Jayewardene）的年輕獸醫帶著一個團隊抵達了。他們接走了小象，將她帶回「大象中途之家」的總部。當小象安頓下來後，團隊的人員知道他們的首要任務就是確保小象不會餓肚子。蘇哈達醫生擔心，他們平時使用的奶水配方對小象幼弱的胃來說，恐怕太滋養了。因此，他決定給小象喝一種經過特殊稀釋的、較溫和清淡的奶水。他們使用漏斗，連上一條管子後，將奶水灌進小象的嘴巴裡。

　　接下來的要務便是照料小象的傷口；那些傷口若不趕緊處理的話，可能會造成感染，進而威脅到小象的生命。蘇哈達醫生給小象用了抗生素，然後在她的傷口上塗上一種稱之為「龍膽紫」的藥膏。藥膏的顏色是粉紅色的。蘇哈達醫生將大量的藥膏塗在小象右眼下那條很長的粉紅色傷口上。

　　隔天，蘇哈達醫生開始進一步治療較嚴重的傷口。他很擔心平綺右眼下方那一道又長又深的傷口。那道傷口已

經開始化膿了，他必須想辦法控制惡化，免得小象因此喪命。他將腐敗的組織移除，然後塗上更多的抗生素。做完這些後，接下來，就是等待與觀察了。

所幸，過了一個星期後，平綺開始復原。工作人員也開始給她喝一般的奶水配方，而她也逐漸長出力氣了。

幾個月後，平綺已經恢復得差不多，工作人員於是將她移送到一個大型的露天牧場去，讓她加入了「大象中途之家」所養護的其他幼象。平綺很快就找到了自己的信心，成為象群中既友善又合群的一員。那群幼象全都是孤兒，跟平綺一樣。若不是「大象中途之家」的援救和照顧，牠們很可能會面臨一個既緩慢又痛苦的死亡。

幾年後，當平綺四歲時，她和其他九個孤兒朋友一起被送到了烏達瓦拉維國家公園（Udawalawe National Park）。在過去，被拯救的孤兒幼象會被訓練、馴服、然後被當作苦役或慶典動物，過著圈禁的生活。如今，由於「大象中途之家」的介入和**生而自由基金會**的資助，這些孤兒幼象不但獲得了返回自然棲息地的機會，還能夠享有自由自在的生活。

當平綺被釋放時，斯里蘭卡的政府官員以及前來祝聖那些動物的佛教僧侶們，都見證了那令人激動的一刻。平綺是最後一頭被送上卡車的幼象。她不需任何鼓勵便充滿自信地踏上了那輛交通工具。一個小時後，卡車抵達了釋放地點，位置就在園區的中央。平綺或許是最後一頭上車的小象，但她卻是頭一個走出來的。她伸高了她的長鼻子，發出了一聲響亮的吼聲。在她的率領下，她與朋友們一起走向了自由。

那群小象在卡車附近停留了一會兒，然後便往森林裡走去。雖然被釋放了，但是牠們仍然受到監測，而牠們似乎很享受野外的新生活。小象們喜歡成群結隊地待在一起，不過，平綺因為右眼下方那一道鮮明的粉紅色疤痕，總是象群中最容易辨識的那頭。那道疤痕是她經過創傷折磨後所留下的印記，但也是希望的象徵。當這頭孤兒小象被賦予新生命的機會時，她很勇敢並且努力地抓住了。

拯救老虎

潔西・弗倫斯（Jess French）◎著
高子梅◎譯

本該是威風凜凜地走在叢林的老虎，五個月大的洛基卻是吃著狗食，被關在籠子裡等候出售。所幸救援小組將他救出，並將他送往接近棲息地的環境。這段旅程的終點不再充滿茫然，而是為了更美好的未來。

拯救花豹

莎拉・史塔巴克（Sara Starbuck）◎著
羅金純◎譯

洛珊妮和瑞亞這對花豹姊妹，雖然被取了個希臘女神般氣勢磅礴的名字，卻只能困在環境惡劣的動物園裡。救援小組將她們轉移到南非，花豹們終於可以仰望天空，享受微風輕拂。有了一個永遠擺脫囚禁悲劇的自由世界。

拯救大熊

路易莎・里曼（Louisa Leaman）◎著
高子梅◎譯

天災人禍使得三頭小熊變成孤兒，失去媽媽的小熊難以存活，她們只能翻著發臭的垃圾堆，尋找食物碎屑。得到救助的小熊儘管不能野放，但以往痛苦的記憶終將消失。不管未來如何，但我們知道這三頭小熊已經重生了。

蘋果文庫 111

拯救大象
Elephant Rescue

作者｜路易莎‧里曼（Louisa Leaman）
譯者｜吳湘湄

責任編輯｜陳品蓉
封面設計｜伍迺儀
美術設計｜黃偵瑜
文字校對｜陳品璇

創辦人｜陳銘民
發行所｜晨星出版有限公司
行政院新聞局局版台業字第2500號
總經銷｜知己圖書股份有限公司
地址｜台北　106台北市大安區辛亥路一段30號9樓
TEL：(02)23672044／23672047　FAX：(02)23635741
台中　407台中市西屯區工業30路1號1樓
TEL：(04)23595819　FAX：(04)23595493
E-mail｜service@morningstar.com.tw
晨星網路書店｜www.morningstar.com.tw
法律顧問｜陳思成律師
郵政劃撥｜15060393（知己圖書股份有限公司）
讀者專線｜04-2359-5819#230

印刷｜上好印刷股份有限公司

出版日期｜2018年8月1日
定價｜新台幣230元

ISBN 978-986-443-471-8
By Louisa Leaman
Copyright © ORION CHILDREN'S BOOKS LTD
This edition arranged with ORION CHILDREN'S BOOKS LTD
（Hachette Children's Group Hodder & Stoughton Limited）
through Big Apple Agency, Inc., Labuan, Malaysia.
Traditional Chinese edition copyright:
2018 MORNING STAR PUBLISHING INC.
All rights reserved.
Printed in Taiwan
版權所有‧翻印必究

國家圖書館出版品預行編目資料

拯救大象 / 路易莎・里曼（Louisa Leaman）作；
吳湘湄譯. -- 臺中市：晨星，2018.08
　　面；　公分. --（蘋果文庫；111）

譯自：Elephant Rescue

ISBN 978-986-443-471-8（平裝）

1.象　2.野生動物保育

389.84　　　　　　　　　　　107009483

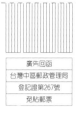

廣告回函
台灣中區郵政管理局
登記證第267號
免貼郵票

407　台中市工業區30路1號

晨星出版有限公司

TEL：（04）23595820　　FAX：（04）23550581

e-mail：service@morningstar.com.tw

http://www.morningstar.com.tw

請延虛線摺下裝訂，謝謝！

生而自由系列

拯救大象

蘋果文庫 悄悄話回函

親愛的大小朋友：

感謝您購買晨星出版蘋果文庫的書籍。歡迎您閱讀完本書後，寫下想對編輯部說的悄悄話，可以是您的閱讀心得，也可以是您的插畫作品喔！將會刊登於專刊或FACEBOOK上。免貼郵票，將本回函對摺黏貼後，就可以直接投遞至郵筒囉！

★購買的書是：<u>**生而自由系列：拯救大象**</u>

★姓名：＿＿＿＿＿＿＿＿＿　★性別：□男 □女　★生日：西元＿＿年＿＿月＿＿日

★電話：＿＿＿＿＿＿＿＿＿　★e-mail：＿＿＿＿＿＿＿＿＿＿＿＿＿＿＿＿＿＿

★地址：□□□＿＿＿＿＿縣／市＿＿＿＿＿鄉／鎮／市／區

　　　　＿＿＿＿＿路／街＿＿段＿＿巷＿＿弄＿＿號＿＿樓／室

★職業：□學生／就讀學校：＿＿＿＿＿＿　□老師／任教學校：＿＿＿＿＿＿＿＿＿

　　　　□服務 □製造 □科技 □軍公教 □金融 □傳播 □其他＿＿＿＿＿＿＿

★怎麼知道這本書的呢？

　　□老師買的　□父母買的　□自己買的　□其他＿＿＿＿＿＿＿＿＿＿＿＿＿＿

★希望晨星能出版哪些青少年書籍：（複選）

　　□奇幻冒險　□勵志故事　□幽默故事　□推理故事　□藝術人文

　　□中外經典名著　□自然科學與環境教育　□漫畫　□其他＿＿＿＿＿＿＿＿＿

★請寫下感想或意見